Jules Jamin

Les Vents et la Pluie

Essai de Météorologie

ISBN : 978-1722100834

10 9 8 7 6 5 4 3 2 1

Jules Jamin

Les Vents et la Pluie

Essai de Météorologie

Table de Matières

On disait à Thalès que la sagesse ne sert à rien qu'à rendre les sages misérables. Il se piqua d'honneur, et comme il avait prévu que les olives devaient être abondantes, il loua tous les pressoirs longtemps avant la récolte : quand elle fut venue, il en tira tout l'argent qu'il voulut. Thalès, à ce qu'il paraît, savait prévoir le temps : c'est une recette aujourd'hui perdue, et l'on se ruinerait en louant des pressoirs aussi sûrement qu'à jouer à la bourse. Il y a bien, à la vérité, de temps en temps des illuminés ou des charlatans qui se prétendent initiés aux secrets de l'atmosphère, comme il y a des dupes qui les croient ; mais tout cela est vain. Personne n'a jamais su, personne aujourd'hui ne sait prédire le temps ; j'ajouterais volontiers que personne ne le saura jamais. C'est une conviction que je voudrais faire partager aux lecteurs de la *Revue* en leur offrant un tableau fidèle des opérations régulières qui s'accomplissent dans l'air, et qui distribuent dans les divers climats la chaleur, le vent et la pluie.

Section I

Par-dessus les continents et les mers, la terre est enveloppée d'un manteau uniforme et léger qui la préserve du froid, et dans l'épaisseur duquel s'accomplissent les phénomènes dont nous avons à parler. C'est l'atmosphère, qui est composée d'un fluide parfaitement transparent : l'air. Contrairement à ce que pense le vulgaire, l'air est pesant, comme on le prouve en équilibrant sous une balance un ballon vide et en remarquant qu'il baisse aussitôt qu'un robinet ouvert laisse arriver le fluide. L'air se dilate par la chaleur et devient plus léger, car les montgolfières s'élèvent lorsqu'elles sont gonflées d'air chaud ; — il est compressible, c'est-à-dire que son volume diminue autant qu'on le veut quand on le presse suffisamment ; enfin il est élastique, et reprend son volume primitif quand on supprime la pression qu'on lui avait fait subir.

De ces trois propriétés découlent les conditions de l'équilibre et du mouvement de l'atmosphère. Il est d'abord évident que les couches supérieures, celles qui confinent à l'espace indéfini, sont extrêmement dilatées, mais que leur poids, si petit qu'il puisse être, appuie sur les tranches qui sont au-dessous, et que celles-ci augmentent progressivement de densité à mesure qu'elles s'approchent de la terre. Au niveau du sol, toutes pèsent sur les objets et font subir à chaque surface une pression considérable : c'est la pression atmosphérique. On sait mesurer cette pression depuis l'invention du baromètre. Dans sa plus grande simplicité, cet instrument se compose d'un tube de verre vide plongé dans un bain de mercure. L'air appuyant sur ce bain fait monter le mercure dans le tube jusqu'à ce que le poids soulevé fasse équilibre à la pression atmosphérique. En moyenne, le mercure monte à 760 millimètres ; il baisse quand la pression de l'air diminue ; il monte quand elle augmente.

Nous sommes donc plongés dans une mer gazeuse, comme les poissons dans une mer liquide : elle pèse autant qu'une couche de 760 millimètres de mercure, ou de 10 mètres d'eau ; mais, comme elle est beaucoup moins dense que l'eau ou le mercure, elle s'élève beaucoup plus haut. On trouve de l'air sur les montagnes, on en trouve à toutes les hauteurs qu'on a pu atteindre en ballon ; mais on en trouve de moins en moins, et la pression décroît de plus en plus. A 13 lieues, cette pression serait sensiblement nulle, parce qu'il n'y aurait presque plus d'air au-dessus. Néanmoins il faut bien avouer qu'on ne sait pas au juste où et comment finit l'atmosphère ; comme les bolides deviennent lumineux à 30 ou 40 lieues au-dessus de nos têtes, il faut croire que l'air s'étend au moins jusque-là.

Il ne nous importe pas de savoir de quels éléments l'air est composé ; la seule chose que je veuille rappeler est qu'il contient toujours de l'eau, et ce point doit être étudié avec détail, car c'est la cause de tous les météores aqueux. Quand vous placez de l'eau dans une assiette, à l'air libre, vous la voyez diminuer et disparaître peu à peu. Elle se change en vapeur, en un gaz aussi incolore et aussi transparent que l'air auquel elle se mêle sans qu'on en soupçonne la présence, et comme cette transformation se produit continuellement à la surface de toutes les mers, de tous les lacs, de tous les fleuves et de tous les sols quand ils ont été mouillés par la pluie, il est certain que chaque litre d'air atmosphérique contient un poids déterminé de vapeur d'eau. Ce poids varie suivant les cas, mais ne peut jamais dépasser une limite fixe ; cette limite est de :

5, 9, 18, 33, 58 centigrammes

à des températures

0, 10, 20, 30, 40 degrés.

Ces nombres nous apprennent que l'air peut receler beaucoup de vapeur à 40 degrés, très peu à zéro, beaucoup vers l'équateur, très peu vers les pôles ou pendant l'hiver. Quand il contient tout ce qu'il peut recevoir de vapeur d'eau, on dit qu'il est *saturé* ; généralement il ne l'est pas. S'il est très loin du point de saturation, on dit qu'il est sec, — lorsqu'il en est très près, qu'il est humide, et on voit clairement qu'en chauffant jusqu'à 40 degrés un air saturé à zéro, il deviendra sec, tandis qu'en refroidissant jusqu'à zéro un air qui est sec à 40 degrés, il pourra devenir très humide ; il pourra même être saturé.

Si on le refroidit encore, il sera plus que saturé ; une partie de sa vapeur redeviendra de l'eau à l'état liquide, et c'est là l'origine de tous les météores aqueux. Si l'herbe des champs se refroidit, elle condense la vapeur à sa surface en gouttelettes de rosée ; si c'est l'air d'une vallée, l'eau se réunit en vésicules trop petites pour tomber, assez nombreuses pour obscurcir l'air : c'est un brouillard. Ce phénomène se produit-il dans les couches élevées de l'atmosphère, le brouillard, sans changer de nature, prend un autre nom, celui de nuage, et quand on le voit de loin dans les hauteurs transparentes de l'air, les rayons du soleil lui donnent un éclat vif et doré qu'il partage avec les neiges élevées ou les voiles lointaines. Enfin quand la condensation s'exagère, les gouttelettes grossissent, et par degrés le brouillard se change en pluie.

En comprimant l'air, on le diminue en volume et on produit le même effet qu'en le refroidissant. Prenons comme exemple 2 litres de ce gaz à 20 degrés contenant chacun 15 centigrammes de vapeur, ils ne seront point saturés ; mais si en les comprimant on les réduit à 1 litre, ce litre contiendra la totalité de la vapeur ou 30 centigrammes, et aura dépassé la saturation. En résumé, la Compression et le froid ensemble ou séparément amèneront la pluie ; le réchauffement et la dilatation produiront l'effet contraire. Quand l'air se refroidit tout en se dilatant, comme cela arrive quand il s'élève, il éprouve deux actions opposées, et suivant que l'une ou l'autre domine, on voit la pluie tomber ou le brouillard se dissiper.

Une des causes les plus fréquentes de pluie est le mélange de deux vents, l'un chaud, l'autre froid, qui ne sont saturés ni l'un ni l'autre, mais qui tous deux sont près de l'être. Le plus chaud se refroidit et par là devient sursaturé, le plus froid s'échauffe et se dessèche ; mais le premier effet l'emporte toujours sur le second, ce qui amène la pluie. Prenons un exemple : l'un des vents est à zéro et contient 4 centigrammes de vapeur, l'autre à 40 degrés avec 50 centigrammes d'eau. Mêlés en volumes égaux, ils sont à 20 degrés et renferment une moyenne de 27 centigrammes par litre. Or à cette température ils n'en peuvent receler que 18 ; il y en a 9 de trop. Chaque litre d'air versera donc 9 centigrammes ou 90 millimètres cubes de pluie, de quoi remplir la moitié d'une capsule de fusil.

Voilà toute la physique de ce grand phénomène, elle ne mérite pas de nous occuper plus longtemps, mais la question mécanique est plus complexe.

En général c'est le mouvement de l'air qui amène la pluie ou le beau temps. Si elle était immobile et comme attachée au sol, l'atmosphère serait toujours saturée sur la mer, où il pleuvrait à chaque refroidissement ; elle serait toujours sèche au-dessus des continents, qui ignoreraient la pluie. Le vent fait le métier de porteur d'eau, il va la puiser aux contrées chaudes pour la rapporter sur les pays tempérés, et, quand il l'a distribuée, il recommence son voyage. Pour savoir les lois de la pluie, il faut découvrir celles des grands déplacements de l'air ; les deux questions sont connexes. On ne peut donc point se contenter, comme l'ancienne météorologie, d'observer en certains lieux, isolément et sans ensemble ; il faut couvrir le monde d'observateurs, noter à chaque jour et en tous lieux l'état du globe, puis concentrer tous les résultats entre des mains uniques chargées de les classer, de les réunir et d'en dégager, s'il y en a une, la loi qui dirige les vents et fait tomber la pluie. Les hommes conçoivent aisément d'aussi beaux projets, mais ils sont longtemps avant de s'entendre pour les réaliser.

C'est Lavoisier qui paraît en avoir eu la première idée, c'est Brandes qui la mit à exécution à l'occasion d'une baisse extraordinaire du baromètre survenue la veille de Noël en 1821. Il demanda et obtint communication de toutes les observations faites à cette époque, ce qui lui permit de reconstruire le phénomène. De 1835 à 1841, M, Quetelet se fit à Bruxelles le centre d'une association de météorologistes qui s'étaient donné un programme commun, et enfin la Russie se couvrit d'observatoires officiels ; mais, pour que cette idée prît son développement, il fallait qu'elle s'incarnât dans un homme assez heureux pour en assurer le succès. Cet homme fut M. Maury.

Lieutenant dans la marine des États-Unis, M. Maury n'obéissait pas seulement à l'instinct d'une curiosité spéculative ; il avait un projet plus cher à la nation américaine, celui de diminuer la durée des voyages en conseillant aux marins des routes raisonnées. Voici comment il procéda : il réunit tous les renseignements météorologiques qu'il put se procurer dans les journaux de bord ou les récits de voyages ; puis, sur une mappemonde, dans chaque carré tracé par les parallèles et les méridiens, il marqua toutes les directions de vent qui y-avaient été observées ; il fit servir à ce travail plus d'un million d'observations, et la carte ainsi annotée faisait connaître dans son ensemble la direction dominante des courants marins et aériens. Elle montrait que, pour aller d'un pays à un autre, il fallait choisir un tracé conforme à cette direction, et revenir non point par le même chemin où l'on aurait rencontré des vents contraires, mais par d'autres voies choisies de manière à les trouver favorables. Pendant longtemps, les marins résistèrent aux conseils de M. Maury. Enfin l'un d'eux, le capitaine Jackson, commandant du *Wright*, se résolut à faire une tentative, et, parti de Baltimore le 9 février 1848, il coupait la ligne au bout de vingt-quatre jours, au lieu de quarante et un qu'exigeait ordinairement ce trajet. Toutes les résistances tombèrent devant un succès aussi éclatant, et qui fut suivi de tant d'autres. Bientôt le gouvernement des États-Unis proposait ? aux nations maritimes la réunion d'un congrès dans lequel les savants et les marins devaient arrêter un plan d'observations uniformes. Ce congrès eut lieu à Bruxelles en août 1853. C'est une date mémorable dans l'histoire de la météorologie, puisque désormais tous les navires sont un observatoire, et que leurs livres de bord permettent de reconstituer après coup, pour en chercher les lois, les divers mouvements qui agitent l'atmosphère. C'est ainsi qu'ont été obtenues les notions que nous allons maintenant développer.

Section II

Il n'y a pas de mécanisme plus simple, et il n'y en a pas de mieux réussi que celui qui règle la circulation générale de l'air atmosphérique. Je le ferai comprendre aisément par quelques exemples familiers. En même temps qu'il brûle le bois dans nos foyers, l'air s'échauffe, devient plus léger et s'élève dans la cheminée ; il ne s'arrête même pas quand il en sort, car nous voyons, si le temps est calme, la fumée continuer sa route ascendante. Ce mouvement fait dans le foyer un vide partiel, aussitôt comblé par l'air froid de l'appartement, qui prend le même chemin. La circulation entretient la combustion, la combustion la chaleur, et la chaleur la circulation. Si alors vous mettez la main aux fissures et aux joints des portes, vous sentez un vent froid qui ramène dans la chambre l'air qu'enlève incessamment la cheminée. Étudiez de même la série des phénomènes qui se perpétuent dans une lampe ; Elle lance par sa cheminée de verre un courant rapide et très chaud qui va s'étaler sous le plafond, assez chaud pour brûler la main, assez rapide pour agiter et même éteindre une bougie qu'on y place ; mais, en montant continuellement, ce courant appelle sans cesse l'air de l'appartement à travers une petite galerie découpée à jour qu'on a eu soin de placer au-dessous du verre. De ces exemples, on peut tirer une règle, une loi physique : toutes les fois que l'air est échauffé en un endroit, il s'y élève et appelle pour le remplacer celui des parties voisines.

On voit sans difficulté que tout refroidissement fera l'inverse. Quand nos appartements sont bien chauds et les vitres bien gelées, l'air qui les touche se refroidit, devient plus lourd, et, glissant le long des carreaux, s'étale sur le parquet. Aussitôt la couche de gaz échauffée qui était sous le plafond se précipite pour continuer le courant et gagne le sommet des fenêtres en filtrant à travers le haut des rideaux ; elle y laisse comme preuve de son passage la poussière qu'elle contenait. Réunissons maintenant ces deux effets du chaud et du froid. Un poêle chauffé est au milieu d'une serre, il appelle l'air autour de lui et le lance en haut ; mais les vitres le refroidissent, le font descendre, et il revient au poêle par le parquet. Deux causes distinctes ont concouru à produire et à perpétuer une double circulation, un double courant : l'un chaud, élevé, fuyant la source calorifique, l'autre froid et rampant qui y retourne.

On me pardonnera ces longs détails sur un fait aussi simple en considération de l'application que j'en vais faire maintenant à l'atmosphère tout entière. Le globe terrestre est très inégalement échauffé par le soleil : les pôles ne le sont point du tout, les contrées tempérées le sont d'autant plus que leur latitude est moindre, et il y a une zone qui reçoit plus de chaleur que toutes les autres, celle où les rayons du soleil tombent d'aplomb. Elle peut être assimilée à un foyer qui ferait le tour de la terre et qui serait entretenu par le soleil. C'est là que l'air est le plus chaud, c'est là aussi qu'il est le plus léger, et c'est là qu'il s'élève, comme il le fait dans nos cheminées, enveloppant le globe d'un anneau de gaz ascendant : c'est l'anneau ou la zone d'aspiration ; c'est la cheminée d'appel de l'atmosphère.

Elle entraîne les couches d'air qui bordent l'équateur. Mises en mouvement, celles-ci, à leur tour, attirent l'air des latitudes plus élevées, et l'appel, se transmettant de proche en proche, engendre dans les couches inférieures de l'air un mouvement d'ensemble qui les transporte du nord et du sud vers l'équateur. Ce sont les deux courants polaires.

Pendant ce temps, l'immense masse d'air qui s'est élevée dans l'anneau d'aspiration doit rester un moment indécise aux limites dernières des hauteurs atmosphériques et s'étaler comme la nuée qui domine les cratères volcaniques, pour de là s'avancer en deux nappes fuyant l'équateur, se refroidissant dans leur route, descendant vers les contrées polaires, et rejoignant la terre pour y changer de direction. Ces deux transports des masses supérieures sont les courants équatoriaux.

Entrons dans le détail de cette circulation. Il ne faut pas croire que l'immense quantité d'air qui s'est élevée à l'équateur vienne tout entière se concentrer au-dessus des pôles pour se précipiter ensuite en tombant dans une sorte d'entonnoir étroit. Si les choses se passaient ainsi, l'énorme masse de gaz y prendrait une vitesse prodigieuse, elle imprimerait par sa chute à la terre et aux mers polaires une désastreuse impulsion. Rien de cela n'arrive. Le courant supérieur en effet va se concentrant de l'équateur aux pôles comme les méridiens qu'on trace sur une sphère. Son lit se rétrécit, il devient plus lourd et laisse échapper de haut en bas des filets dérivés qui rallient le courant polaire. Par là il se règle et conserve à chaque latitude une intensité égale. Le courant inférieur au contraire, qui s'étale en rayonnant des pôles vers l'équateur, se ralentirait dans un lit qui devient à chaque instant plus large, s'il ne recevait pour le ranimer *les dérivations descendantes* que lui fournit le courant supérieur. Ce sont ces dérivations qui, se multipliant ou se ralentissant, se portant au nord ou au midi, dans un point ou dans un autre, rétablissent l'équilibre à chaque instant troublé de l'atmosphère ; ce sont elles aussi que nous verrons changer la direction des vents et apporter la pluie. Cette théorie nous montre en résumé que la terre doit être enveloppée de deux grands fleuves aériens, le supérieur partant de l'équateur, l'inférieur qui y retourne, le premier se concentrant vers les pôles, le second divergeant à mesure qu'il s'en éloigne, tous deux se mêlant dans leur trajet par des dérivations descendantes, comme on voit dans une rivière le courant direct et les remous se rejoindre en tourbillonnant dans l'espace qui les sépare.

Il ne suffit point d'avoir fait une théorie, il faut qu'elle soit conforme aux phénomènes. On rencontre en effet dans les deux hémisphères, à partir du 35e degré de latitude, des vents continus, les vents alizés, venant des zones tempérées et se rencontrant vers l'équateur le long d'un grand cercle où règnent les calmes équatoriaux. Ce sont les courants rampants inférieurs, les courants polaires ; mais ils ne soufflent point directement des pôles à l'équateur dans la direction des méridiens : ils viennent du nord-est dans l'hémisphère boréal et du sud-est dans l'hémisphère austral, comme si une cause inconnue les avait chassés à l'ouest.

Section III

Suivant le célèbre Halley, cette cause est le mouvement de rotation de la terre. L'explication qu'il en a donnée demande un peu d'attention ; elle exige d'abord l'intelligence d'une vérité mécanique que j'exposerai avec quelque détail.

Lorsqu'un cavalier est lancé au galop, tout le monde comprend qu'il partage la vitesse de son cheval sans faire aucun effort. Emportés dans un wagon par un train qui fait 15 lieues à l'heure, nous possédons sans nous en apercevoir une vitesse énorme, et qui est à peu près celle que nous aurions en tombant d'un second étage. Enfin la terre tourne en 24 heures et nous tournons avec elle. Pendant que nous pensons être immobiles à Paris, nous sommes enlevés comme le cavalier par son cheval, comme le voyageur, par son wagon ; la seule différence est que nous le sommes plus rapidement et que nous faisons 250 lieues en chaque heure de temps. L'air aussi est emporté, car, s'il demeurait immobile pendant que nous marchons, il nous fouetterait au visage. Nous croyant en repos, nous penserions qu'il marche en sens opposé, de l'est à l'ouest, avec cette vitesse de 250 lieues. Ce serait un vent cinq fois plus fort que celui des plus désastreux ouragans, et capable d'emporter les animaux, les arbres, les montagnes et les mers.

Ce point établi, admettez que le cheval s'arrête ; vous verrez le cavalier passer par-dessus, à moins d'une grande habileté et de beaucoup d'efforts. Supposez que le voyageur veuille descendre du wagon ; il sera lancé en avant avec la, vitesse que possède le train, et il se tuera en tombant. Enfin, si la terre venait à s'arrêter, tous les objets qui la couvrent continueraient de marcher de l'ouest à l'est, et sembleraient lancés avec la vitesse de 250 lieues qu'ils avaient. La mécanique résume ces faits dans cet énoncé commun : « tout objet qui possède une vitesse dans un sens la garde, lors même que les objets voisins la perdraient, et il la conserve indéfiniment, à moins que des résistances étrangères ne viennent la détruire. »

Faisons tout de suite l'application de ce principe ; imaginons un ballon s'élevant de très peu au-dessus de Paris dans un air calme. Il possède au départ la vitesse qui emporte la terre vers l'est ; il la conserve, et il demeure invariablement au-dessus du point de départ, faisant comme Paris un tour en 24 heures. Si le mouvement de la terre venait à se ralentir, le ballon dépasserait la terre, il irait vers l'est, vers Strasbourg. Si au contraire la vitesse du sol croissait, l'aéronaute resterait en arrière, comme s'il reculait vers l'ouest, dans la direction de Brest.

Or, si les différents points du globe font tous un tour en 24 heures, ils font des tours très inégaux. Le pôle nord ne fait que pirouetter sur lui-même ; à 80 degrés de latitude, un objet décrit un cercle très petit avec une vitesse de 70 lieues ; cette vitesse augmente à mesure qu'on s'éloigne du pôle : elle est de 250 lieues à Paris, de

370 à Mexico et de 400 à l'équateur. Pour voir la terre se ralentir, il suffit d'aller vers le nord ; alors le ballon incline à l'est, il se fraie un chemin entre le nord et l'est, c'est-à-dire au nord-est. Pour que la terre accélère son mouvement, il faut se diriger vers le sud. Dans ce cas, le ballon recule à l'ouest et marche au sud-ouest. Partant de Paris, il passe à Bordeaux, à Lisbonne, aux Açores et au Mexique. Ce qui arriverait à ce ballon imaginaire arrive réellement à l'air atmosphérique, et nous sommes amenés à énoncer avec Halley cette loi fondamentale : le courant polaire tend à obliquer vers l'ouest et souffle du nord-est, le courant équatorial dévie vers l'est et souffle du sud-ouest.

Mais si elle explique comment les alizés des deux hémisphères sont entraînés vers l'ouest, la théorie d'Halley exige que, dans notre hémisphère, le courant équatorial ou contre-alizé souffle du sud-ouest dans les étages supérieurs de l'air. Un événement curieux et bien fortuit en a donné la première démonstration. Le 1er mai 1812, un volcan de l'île Saint-Vincent, le Morne-Garou, après de formidables détonations, commença de lancer une quantité considérable de cendres. A ce moment, l'alizé était dans toute sa force, et comme il venait du nord-est, il devait chasser les cendres dans l'ouest, ce qui arriva en effet. Les Barbades, qui sont à 100 milles dans l'est du volcan, ne devaient point en recevoir, puisqu'elles sont dans une direction exactement opposée à celle du vent. Néanmoins le ciel se couvrit à l'est de ces îles, l'obscurité devint si complète que l'on ne pouvait plus distinguer les fenêtres des appartements, et il tomba de si grandes quantités de cendres que les arbres et les toitures pliaient sous ce fardeau. Évidemment elles étaient apportées par un vent supérieur, par le contre-alizé du sud-ouest. Pareil fait se renouvela au 20 janvier 1835, à l'époque d'une éruption considérable du volcan de Coseguina, situé dans le lac de Nicaragua, qui envoya des cendres dans une direction contraire aux alizés, jusqu'à la Jamaïque, à une distance de 1,000 milles. Léopold de Buch nous fournit un renseignement plus précis en nous apprenant que les voyageurs qui gravissent le pic de Ténériffe commencent l'ascension au milieu des alizés du nord-est, qu'ils traversent ensuite une région calme, et rencontrent enfin un vent du sud-ouest si considérable qu'ils ont peine à y résister : c'est le contre-alizé, et comme il ne commence à se faire sentir qu'à

2,500 mètres, c'est à cette hauteur environ que se fait la séparation des deux grands fleuves aériens qui transportent l'air en deux sens opposés.

Cependant à peine a-t-on accepté et démontré cette théorie que le calcul s'en empare et nous conduit à une absurdité. Considérons le courant polaire partant d'un point situé sous le 80e degré de latitude. Il a vers l'est, à son départ, la vitesse de 70 lieues. Arrivé au-dessus de Paris, qui fait 250 lieues à l'heure, il retarde et court vers l'ouest avec une vitesse relative, égale à la différence entre 250 et 70, ou à 180 lieues. A Mexico, cette différence serait 300, à l'équateur 330 lieues, ce qui est plus que la vitesse du son. Inversement le courant équatorial prendrait vers l'est une vitesse relative de 30 lieues à Mexico, de 150 à Paris et de 300 au Spitzberg, vitesse dix fois aussi grande que celle des ouragans, qui serait capable de renverser les montagnes, de crever l'enveloppe solide de la terre, et d'enflammer par le frottement les objets combustibles.

Non-seulement il ne se produit rien de pareil, mais on peut même remarquer qu'à l'exception des contrées alizéennes l'air est généralement calme, que les vents, s'ils surviennent, sont très modérés, et qu'ils soufflent alternativement dans les diverses directions. Il faut donc absolument qu'une action compensatrice vienne à chaque instant modérer les vitesses désastreuses que le mouvement terrestre et le soleil imprimeraient fatalement à l'atmosphère.

Ce qui rétablit le calme, ce sont les dérivations descendantes du courant équatorial supérieur. En effet, chacun des filets de ce vent descendant est animé, comme le courant dont il se sépare, d'une vitesse vers le nord-est, et puisque le courant polaire auquel il se mêle en possède une autre vers le sud-ouest, les deux vitesses se retranchent et tendent à se compenser. Sous la zone torride, au voisinage de l'anneau d'aspiration, ces dérivations n'existent pas, et les alizés courent franchement au sud-ouest. Sous le 35e degré, la compensation des vitesses paraît être complète, car d'après les tables de Maury les vents y soufflent localement et indifféremment de tous les rumbs. Aux latitudes plus élevées, les dérivations deviennent plus nombreuses et se mêlent en plus grande proportion au courant polaire ; elles lui impriment alors une déviation dans le sens de leur propre vitesse, et le font généralement souffler du nord-ouest, de l'ouest ou même du sud-ouest.

Ce qui est digne d'attention, c'est que l'équilibre atmosphérique tend à se rétablir de lui-même lorsqu'un accident vient le troubler. Si par exemple le baromètre baisse en un lieu, les dérivations descendantes y affluent pour rétablir la pression normale ; elles dévient le courant polaire ; le vent tourne à l'ouest, et il est humide. Si au contraire le baromètre monte, ces dérivations cessent, le courant polaire reprend sa tendance à souffler du nord-est, et il est sec. On voit que dans cette théorie la succession des phénomènes est la suivante : ce sont les variations de la pression qui font augmenter ou diminuer les dérivations descendantes ; celles-ci font tourner lèvent à l'ouest ou à l'est, et le rendent humide ou sec, chaud ou froid. Le but est de rétablir l'équilibre de l'air ; la pluie en sera la conséquence accidentelle.

Pour achever le tableau des mouvements généraux de l'atmosphère, il nous reste à montrer qu'elle éprouve, parallèlement à l'équateur, un déplacement latéral qui semble destiné à mêler intimement l'air des continents et celui des mers. Partons, je suppose, de l'île de Madère, et suivons dans sa marche une molécule d'air. Elle est d'abord entraînée par l'alizé vers le sud-ouest, jusqu'à l'anneau d'aspiration. Là elle s'élève, non pas verticalement, mais obliquement, à cause de sa vitesse acquise, comme si elle gravissait, de l'est à l'ouest, une rampe inclinée. Par-là elle arrive au-dessus de l'Amérique du Sud, où elle commence, dans les hauteurs du courant équatorial, son retour vers le nord. Peu à peu elle incline vers l'est, traverse obliquement l'Atlantique, et aborde les côtes de l'Europe à une latitude plus ou moins élevée. Elle se mêle alors aux dérivations descendantes et rejoint le courant polaire. Celui-ci marche communément vers le sud-est, et il va rejoindre les zones alizéennes, non point à Madère, au lieu de départ, mais beaucoup plus loin dans l'est, vers le centre de l'Asie. La molécule d'air que nous avons suivie dans ce trajet a donc couru vers l'ouest, dans la zone torride, pour rétrograder, dans la zone tempérée, beaucoup plus loin vers l'est ; elle n'a pas seulement été entraînée du sud au nord et du nord au sud, elle a subi un transport latéral à travers les continents et sur toutes les mers. Cette circulation transversale amène les poussières de l'Afrique jusqu'aux Açores et même en Amérique ; elle maintient constante la composition de l'atmosphère, et surtout elle brasse l'air sec des continents avec l'air humide de la mer, afin de distribuer la pluie d'une manière à peu près égale sur tous les points du monde.

Section IV

Nous venons de suivre les vents dans leurs pérégrinations à la surface du globe et dans les hauteurs atmosphériques. Occupons-nous de savoir maintenant où et comment ils prennent la vapeur d'eau et la chaleur, pour les transporter sur les continents, pour arroser et réchauffer la terre.

Dans les contrées alizéennes, le courant polaire, descendu du nord-est, rafraîchit continuellement l'air ; mais il s'échauffe peu à peu et devient sec : alors toute pluie cesse, tout nuage disparaît, le ciel est clair, et le temps continuellement beau, Invariables dans leurs directions, les vents conduisent toujours les vaisseaux dans la même route, et la navigation devient si facile que les marins espagnols avaient nommé Lac-des-Dames la mer où ils avaient rencontré d'abord le vent alizé. Partout où il souffle, le baromètre cesse d'éprouver des variations irrégulières, puisqu'il n'y a pas de variations atmosphériques ; mais il indique le seul changement qui se fasse dans ces heureuses contrées, celui du jour et de la nuit, montant et baissant deux fois pendant vingt-quatre heures, comme les aiguilles d'une montre en parcourent deux fois le cadran.

A mesure qu'ils s'échauffent et se dessèchent, les vents alizés enlèvent à la mer et entraînent avec eux une quantité progressive ment plus grande de vapeur ; ils lui enlèvent en même temps de la chaleur. La physique, en effets nous enseigne que l'eau ne peut passer, à l'état gazeux sans un emprunt considérable de chaleur. Mettez de l'eau à zéro sur un fourneau ardent, chauffez-la jusqu'à la faire bouillir, et continuez le feu jusqu'à la vaporiser tout entière ; vous trouverez que pour la faire bouillir il faut un certain temps, que pour la vaporiser il en faut cinq fois plus, et vous conclurez que l'eau dépense cinq fois autant de chaleur pour être vaporisée que pour être échauffée de zéro à 100 degrés. Ainsi les vents alizés, en rasant la surface de la mer, font à la fois une grande provision de vapeur et une grande provision de chaleur. Ils arrivent ensuite des deux hémisphères, très-chauds et presque saturés, pour se rencontrer sur l'anneau d'aspiration, où ils s'élèvent obliquement de l'est vers l'ouest, et où ils vont produire des phénomènes qu'il est facile de prévoir. On s'imagine à Paris que la zone équatoriale est le pays de l'éternel beau temps ; il n'y a pas d'erreur plus grande. Au moment où les deux courants se rencontrent, les vents cessent : c'est la zone des calmes équatoriaux. Entraîné de bas en haut, l'air fait une sorte de vide au-dessus du baromètre, qui baisse : c'est la zone des faibles pressions. En montant, il se dilate et se refroidit ; alors il pleut, et comme c'est le lieu le plus chaud de la terre et que l'air y contient le plus de vapeurs, on y recueille jusqu'à 4 mètres d'eau par année. C'est la zone des plus grandes pluies, des orages les plus formidables ; c'est le *cloud-ring* des Anglais et le *pot-au-noir* de nos marins. A l'ennui d'une pareille saison s'ajoute encore l'accablement d'une humidité chaude. Le thermomètre atteint 40 ou 45 degrés, l'évaporation est nulle, les matières organiques y entrent en décomposition rapide et engendrent ces miasmes inconnus, ces fièvres de toute sorte et mortelles qui déciment les Européens ; mais si elles sont nuisibles aux animaux, ces conditions de chaleur et d'humidité sont au contraire celles que réclament particulièrement les plantes, et l'on retrouve en ces climats la flore surabondante et hardie qui semble avoir, pour la même raison, caractérisé l'époque où se formait la houille.

Or la zone de l'échauffement maximum se déplace en même temps que le soleil, et avec elle la mauvaise saison. Pendant l'été, elle envahit le Mexique et les Antilles, couvre l'Inde tout entière et la Cochinchine. Pendant l'hiver, elle passe au-dessus de l'île-Bourbon, aux Marquises et au nord de l'Australie ; deux fois par an, aux équinoxes, elle traverse l'équateur. A son approche, les vents tombent, quelques nuages se montrent au sud ; le ciel se charge lentement de vapeurs, de brumes et d'électricité. Un premier orage éclate vers deux heures ; il y en a deux le lendemain, puis ils durent toute la journée et même toute la nuit. Tel est l'été au Mexique.

Mais aussitôt que le *cloud-ring* abandonne la contrée, les zones alizéennes l'envahissent, le beau temps devient aussi continu que les pluies avaient été incessantes, et les feuilles se dessèchent. On voit que dans la zone torride tout est réglé par une force unique, la chaleur solaire, et que tout y montre la précision des phénomènes astronomiques. A peine avons-nous passé les tropiques que nous entrons dans les climats variables. La circulation générale y est affaiblie par l'éloignement de l'anneau d'aspiration ; les dérivations descendantes ramènent à la surface du sol l'air du courant équatorial, et nous allons voir qu'elles y ramènent la chaleur et l'eau qu'avaient puisées les vents alizés.

Considérons par la pensée un litre de cet air qui s'élève dans l'anneau d'aspiration : il est très chaud et presque saturé. Tout d'abord il se dilate, par cela même il se refroidit ; mais il se réchauffe aussitôt parce qu'une partie de la vapeur repasse à l'état de pluie et lui rend la chaleur qu'elle avait empruntée pour se former. Il continue sa route ascendante, prend un volume de plus en plus grand et une température qui décroît progressivement ; mais il entraîne avec lui toute la portion de vapeur qui n'a point été condensée, et il entraîne aussi toute la chaleur qu'il contenait : seulement chaleur et vapeur sont disséminées dans un plus grand espace.

C'est dans cet état que l'air est lancé dans le courant équatorial. Pendant le trajet, il est possible qu'il perde de sa chaleur par le rayonnement à travers les espaces célestes, il est certain qu'il en reçoit du soleil et aussi de la terre. On ne sait si la compensation s'établit ou non, s'il y a perte ou gain final ; toujours est-il qu'il reste très froid tant qu'il est dans les hauteurs. Aussitôt qu'il s'abaisse dans les dérivations descendantes, il subit des pressions qui sont de plus en plus considérables, il diminue progressivement en volume, et après avoir occupé un immense espace il redevient un litre d'air comme au départ. Dans ces transformations inverses, il s'est réchauffé jusqu'à sa température première ; il a ramené toute la vapeur et toute la chaleur qu'avait puisées le vent alizé, sauf les pertes qui ont été faites en route.

Admettons que le baromètre vienne à baisser dans un point des contrées tempérées, les dérivations descendantes y deviendront abondantes, le vent soufflera de l'ouest ; il sera réchauffé, il sera humide, et il y aura probabilité de pluie. Or quand la pluie tombe, c'est que la vapeur disparaît ; elle fait un vide que les dérivations comblent, où elles ramènent l'eau, et ou la pluie s'engendre d'elle-même. S'il arrive au contraire que la pression soit très considérable en un lieu, les dérivations cesseront, le courant polaire soufflera du nord-est ; il sera froid, mais il se réchauffera en marchant : le temps sera beau. Tout le monde a vérifié l'exactitude de ces règles générales.

Section V

Rien n'est mieux connu, rien n'est mieux ordonné que ce mécanisme général du vent et de la pluie, et il est probable qu'il amènerait dans les contrées tempérées la même fixité climatérique que dans les zones torrides, si la terre était uniformément couverte par les eaux ; mais il n'y a rien de plus irrégulier que la distribution des continents et des mers, et cette irrégularité doit rejaillir sur les conditions de la pluie. J'en vais montrer les principaux effets. Il est d'abord évident que les deux hémisphères sont loin d'être symétriques ; pendant que le nôtre est composé presque en entier de terres, celui du sud semble exclusivement recouvert par les eaux. L'irrégularité est surtout sensible au-dessous du continent indien ; elle y produit un grand déplacement du *cloud-ring*. Pendant l'été, il remonte au nord de l'Indoustan, parce que c'est le continent qui s'échauffe le plus, et il emmène avec lui des pluies diluviennes qui s'élèvent, à Cherra-Ponjée, jusqu'à 15 mètres par année ; il entraîne aussi sur la mer des Indes l'alizé du sud-est. En hiver, les conditions sont renversées : c'est le continent qui est refroidi ; l'anneau d'aspiration descend au-dessous de l'équateur, et la mer des Indes essuie l'alizé supérieur venant du nord-est. A chaque équinoxe, cette mer voit ainsi se succéder deux vents très distincts, très réguliers, que l'on nomme moussons, et qui étaient connus de toute antiquité. A la rigueur, les moussons se montrent sur toutes les mers équatoriales, dans l'étendue de la zone parcourue par le *cloud-ring* ; mais c'est dans la mer des Indes que cette zone est la plus grande.

En Afrique, l'anneau d'aspiration reste à peu près fixe ; il y est compris entre le 5e et le 15e degré de latitude nord ; il y verse ces torrents de pluie qui durent toute l'année, et que mentionnent les récits de Baker. Au-delà de cette ligne, dans l'immense pays compris entre l'Atlas et le Sénégal, règne éternellement l'alizé du nord. Desséché par son passage sur des crêtes élevées, s'échauffant de plus en plus pendant sa course vers le sud, il enlève à la terre toute trace d'humidité et aux plantes toute source de vie. Tout cet espace, une ancienne mer que le vent semble avoir pompée, montre encore aujourd'hui le lit desséché et vierge de l'océan qui l'occupait autrefois et dont il a gardé la salure. Les mêmes causes continuent fatalement le désert à travers l'Égypte, qui n'est qu'une oasis, l'Arabie et la Mongolie jusqu'aux plateaux du Thibet.

Les déserts occuperaient sur la terre une étendue bien plus grande encore, si l'atmosphère de la zone torride n'était transportée de l'est à l'ouest, comme nous l'avons précédemment expliqué. Il en résulte que le *cloud-ring* porte dans le même sens sur les continents d'Afrique et d'Amérique l'air saturé d'eau qui vient de la mer des Indes ou de l'Atlantique, et que ce sont les îles et les côtes orientales de ces grands continents, — les Indes, les côtes de Mozambique et de Zanzibar, les Antilles, le Brésil et la Colombie, — qui reçoivent le plus de pluie. « Quand nous visitâmes, dit Dampier, la petite île de la Gorgonie sur la côte de la Nouvelle-Grenade, il pleuvait tellement dans nos calebasses qu'elles restaient toujours pleines, quelle que fût la rapidité avec laquelle nous buvions ; plusieurs de nos hommes jurèrent qu'il était impossible de boire autant d'eau qu'il en tombait. » A mesure qu'il s'éloigne vers les Cordillères, le *cloud-ring* perd de sa provision d'eau, il laisse le reste sur ces montagnes, et derrière leurs remparts ainsi qu'à l'ouest du Mexique il ne pleut jamais. Les hautes montagnes du Thibet produisent le même effet dans l'Asie, et c'est pour cela que commence avec le désert de Gobi la suite ininterrompue des pays éternellement desséchés dont le Sahara est le dernier.

Le contraire a lieu dans nos pays tempérés d'Europe. L'atmosphère y est transportée de l'ouest vers l'est, et ce sont les côtes occidentales qui reçoivent le plus d'eau. Une condition spéciale augmente encore la quantité de pluie qui y tombe : c'est la température élevée du nord de l'Atlantique, température entretenue par des circonstances qui méritent d'être expliquées.

Échauffées et rendues moins denses à l'équateur, les eaux de l'Atlantique y forment une sorte de bourrelet ; refroidies et alourdies aux pôles, elles s'y abaissent, et un double courant équatorial et polaire tend à s'y former. C'est le mouvement de l'air qui en va déterminer la direction. On ne peut nier l'effet des vents sur la mer ; ils la rident et y découpent des vagues qu'ils chassent devant eux, augmentant ou diminuant les hauteurs des marées suivant qu'ils concordent avec la marche du flot, ou bien qu'ils s'y opposent. Or, puisqu'au nord et au midi de l'anneau d'aspiration les vents alizés soufflent en convergeant du nord et du sud vers l'ouest, ils combinent leurs efforts pour entraîner dans la direction de l'Amérique les eaux les plus chaudes de l'Atlantique ; elles commencent leur mouvement au sud du Cap-Vert, et le continuent avec une vitesse croissante jusqu'au cap San-Roque.

En cet endroit, la côte américaine offre une configuration remarquable : avançant graduellement dû nord et du sud, elle pousse dans l'est une pointe avancée qui partage naturellement le courant en deux rameaux, l'un dirigé vers le cap Horn et que nous ne suivrons pas, l'autre qu'on nomme le *gulf-stream*, et qui monte vers le nord. Il absorbe la rivière des Amazones, hésite un instant devant les petites Antilles où il détache une branche ascendante, pendant que le gros du mouvement s'enfonce dans le golfe du Mexique, dont il suit toutes les sinuosités. Il passe devant la Nouvelle-Orléans, et, se serrant entre Cuba et la Floride, franchit la passe de Bahama en tournant brusquement au nord. C'est là qu'il est le plus étroit, le plus rapide, semblable à une majestueuse rivière, au Mississipi ou à l'Amazone. Ses eaux sont bleues comme celles des lacs des montagnes, plus salées que dans le reste de l'Océan par suite de l'évaporation qu'elles ont subie, et, ce qui nous importe surtout, elles ont une température de 26 à 30 degrés qui diminue avec la profondeur, mais reste encore égale à 20 degrés à 900 mètres. Ici le *gulf-stream* rallie la branche qui a tourné brusquement à l'est des Antilles ; il s'étale, diminue de profondeur sans se refroidir beaucoup, et, laissant entre lui et l'Amérique un courant descendant d'eau froide, il atteint Terre-Neuve et court franchement à l'est. Alors il se ralentit, s'épanouissant sur une immense étendue, se divisant dans tous les sens, comme si, arrivé à la limite de son immense voyage, il n'avait plus qu'à distribuer la chaleur qu'il amène avec lui. Une branche pénètre dans le détroit de Davis, longeant les glaciers de ces mers découpées, d'où elle arrache les *icebergs*, quelle entraîne en longs convois vers le nord. Le tronc principal contourne la Norvège et s'élance dans les eaux circumpolaires pour entretenir peut-être la chaleur de cette mer libre qui baigne le pôle, et dont on a tant parlé. Enfin il revient par de nombreux filets le long des côtes de France et d'Espagne, et probablement aussi dans des profondeurs inaccessibles.

Les mêmes choses se répètent dans le Grand-Océan ; c'est encore un courant parti des côtes occidentales du Mexique, se brisant contre l'Australie, s'insinuant entre les grandes îles de l'Inde comme dans les Antilles et remontant au-dessous de la presqu'île de Malacca, le long des côtes de Chine et du Japon, jusqu'au détroit de Behring, où il apporte les bois flottés recueillis dans sa course : c'est le *kurvo-sivo*, la *rivière noire* ; elle redescend le long des côtes de la Californie.

On comprend maintenant dans quelles conditions les vents dominants de l'ouest abordent en hiver les côtes refroidies de l'Europe. Réchauffés et mouillés à la fois par les dérivations descendantes et par leur contact avec les eaux de la mer, ils entretiennent cette température humide et moyenne qui caractérise le climat de l'Islande, des îles britanniques et surtout de la verte Irlande, cette émeraude de l'Océan. Ils arrosent les côtes de l'Europe, et dans les endroits où le continent se relève en hautes montagnes, l'air, déjà saturé, se refroidit en gravissant les pentes et y verse autant de pluie que dans les zones torrides. A Bergen, au pied des alpes Scandinaves, et à Coïmbre, à l'origine des sierras espagnoles, il tombe jusqu'à 4 mètres d'eau.

En appliquant ces principes à la France, il est facile de prévoir comment la pluie y est distribuée. Brest reçoit le premier choc de tous les vents de mer, de tous les vents de pluie : ils se dessèchent en s'avançant dans l'intérieur du pays, qui est moins mouillé ; mais ils s'élèvent et se sursaturent en Auvergne, dans les Cévennes, les Vosges et le Jura. Les Alpes ont une influence prédominante, tous les courants s'y refroidissent et y versent de l'eau. Quand il pénètre dans la Méditerranée, le vent du nord-ouest se resserre entre les Pyrénées, qu'il prend en écharpe, et les Alpes maritimes, où il pleut souvent. Une fois dans le golfe du Lion, il se dilate, envoie un remous sur le fond de l'Adriatique, au-dessous du Tyrol, dans cet amphithéâtre de montagnes dont Venise est le centre, et qui est abrité des vents du nord. C'est le lieu le plus pluvieux de l'Europe. Toutes les chaînes de montagnes ont leur influence. L'Oural arrête les vents d'ouest, et c'est de là que part le courant polaire, chaud en été, froid en hiver, qui nous apporte le beau temps. Les vents du nord, arrêtés par le massif des Alpes, s'engouffrent dans la vallée du Rhône, vents rapides et desséchants : c'est le mistral ; ou bien ils débouchent par la Mer-Noire et passent sur Constantinople : ce sont les vents étésiens. Enfin l'Afrique échauffée provoque un alizé méditerranéen qui abrège le voyage quand on y va et qui l'allonge quand on en revient. Tous ces exemples prouvent que, si la pluie se prépare au loin dans les mers équatoriales, ce sont les accidents locaux qui en déterminent la chute, et les configurations locales qui occasionnent l'irrégularité de sa distribution. C'est une question de géographie physique, c'est presque une question de cadastre.

Section VI

Si toutes ces perturbations ne venaient troubler la belle ordonnance des courants généraux, si chaque année ramenait aux mêmes moments les mêmes saisons, il serait raisonnable d'étudier l'influence que peut avoir la lune, puisqu'elle serait la seule cause des troubles atmosphériques. Quoique faible, cette influence est incontestable ; elle n'a jamais été niée en principe, pas plus qu'elle n'a été constatée en fait. Peut-être même ne serait-il pas absurde de rechercher aussi l'action des matières cosmiques. Tout agit dans la nature : le coup de pied que nous donnons à la terre en ébranle la masse entière, et les étoiles filantes en font bien autant. Mais c'est montrer une bien grande innocence que de prêter la moindre attention à la lune ou aux bolides en présence des irrégularités que nous venons de mentionner, en présence surtout d'accidents fréquents et quelquefois épouvantables, venus de rien comme les avalanches et comme elles finissant par des désastres : ce sont les ouragans ou les typhons, dont je vais maintenant parler. Voici le récit authentique des ravages occasionnés par celui qui fut le plus terrible de tous et qu'on a nommé le *grand ouragan*.

Il vint du sud-est le 8 octobre 1780 à travers les petites Antilles. Il y coula la flotte de l'amiral Rodney et arracha les toits de tous les édifices. Le 10, il avait atteint les Barbades, où l'amiral Hatham perdit six vaisseaux. A Sainte-Lucie, six mille personnes furent écrasées sous les décombres ; les hommes et les animaux étaient soulevés de terre et jetés au loin ; la mer fut pompée et retomba en pluie saumâtre ; elle s'éleva si haut qu'elle démolit le fort et lança un navire sur l'hôpital militaire, qui fut enfoncé sous son poids ; elle fut tellement ébranlée qu'elle arracha et rejeta la couche de corail qui forme le fond de la baie. A la Martinique, le fléau rencontra cinquante vaisseaux français portant six mille hommes de troupes et escortés de deux frégates ; six bâtiments à peine échappèrent, les autres « disparurent, » suivant l'expression du rapport officiel. Neuf mille personnes périrent à la Martinique, mille à Saint-Pierre, où pas une maison ne resta debout. A Port-Royal, la cathédrale, sept églises, mille maisons furent enlevées, et six cents malades écrasés dans l'hôpital. Continuant sa course, l'ouragan passa à Puerto-Rico ; le 15 octobre, il atteignait l'île de Mona, puis, se dirigeant vers le nord-est, il gagna les Bermudes, et finit par se perdre dans l'Océan en continuant les mêmes scènes de désastre. Partout où il passait, les éclairs étaient incessants, la foudre éclatait dans toutes les directions, ou tombait en boule sur le sol. Le bruit était tel qu'on n'entendait point la chute des édifices, et l'amiral Rodney affirme qu'un tremblement de terre, conséquence de l'énorme pression exercée sur le sol, passa comme inaperçu. La pluie était lancée horizontalement, si abondante que l'air en était obscurci, et si rapide que le sang jaillissait sous ses coups. A peine ces désordres étaient-ils terminés que les malheureux survivants sortirent de leurs abris pour mesurer l'étendue des désastres. La mer était couverte d'épaves et de cadavres ; on ne voyait que des plaines ravagées, des arbres arrachés, et ceux qui restèrent debout se virent dépouillés comme en hiver ; tous les travaux des hommes étaient anéantis, et la famine attendait ceux qu'avaient épargnés ces épouvantables désordres.

Pour le physicien, ces épouvantables désordres constituent les phénomènes les plus simples, les mieux réglés, les mieux expliqués : ce sont purement et simplement des tourbillons de vent ; on les a nommés *cyclones* pour rappeler la nature de leur mouvement.

Les tourbillons ont occupé les philosophes aussi bien que les savants. Après l'importance que leur avait donnée Descartes, on fit des expériences pour les réaliser, ce qui n'était pas difficile. Salmon, de l'ancienne Académie des sciences, se contentait, pour les produire, de faire tourner le bout de sa canne dans l'eau d'un baquet. L'eau prenait alors et gardait pendant longtemps un mouvement tournant ; le niveau baissait au centre et prenait la forme d'un entonnoir ; il montait à la circonférence. Daniel Bernouilli, dans son hydrodynamique, traita cette question, dont s'était déjà occupé Huyghens, et il prouva que la force centrifuge faisait une sorte de vide au centre et rejetait l'eau à la circonférence. L'expérience et le calcul n'ont rien laissé à désirer sur ce point. Je n'y insisterai pas, je me contenterai de citer un exemple qui est à la portée de tout le monde. En regardant couler la Seine du sommet d'un pont, quand on est tourné vers le nord, on voit le courant marcher à droite, et plus loin, vis-à-vis des piliers, il y a des remous à peu près immobiles. Or entre ce courant et ces remous on voit se former des tourbillons avec un creux central où l'eau s'engouffre, autour duquel elle pirouette, tout en descendant au fil de la rivière. On remarquera que le mouvement est inverse de celui des aiguilles d'une montre, ce que l'on explique aisément.

Ce qui se passe à la surface des eaux se produit aussi dans les gaz. Sénèque parle déjà de tourbillons que détermine dans l'air la rencontre de vents opposés, tourbillons que nous voyons souvent se former par des rafales de vent qui soulèvent la poussière, quelquefois les chapeaux, et qui courent en tournoyant dans la plaine : ce sont de petits cyclones. Les trombes offrent un caractère analogue ; mais elles sont accompagnées de circonstances singulières et peu expliquées.

Pour nous familiariser avec ce sujet, nous pouvons encore citer les ventilateurs : ce sont des instruments composés d'une roue à palettes qui tourne rapidement dans une boîte dont le couvercle est percé d'un trou central, Quand on fait tourner la roue, il se fait un vide partiel au centre, l'air extérieur entre dans le trou du couvercle, tourbillonne dans la boîte, se condense sur le contour par l'effet de la force centrifuge et s'échappe par des conduits disposés convenablement. Ces divers mouvements se résument ainsi : 1° il faut une force pour commencer et continuer le mouvement ; 2° quand il se produit, il se fait un vide partiel au centre, et la pression augmente de ce centre à la circonférence. Nous allons rechercher d'abord si les ouragans réalisent ce déplacement rotatoire, et ensuite quelle est la force à laquelle il faut l'attribuer.

C'est M. Dove qui le premier reconnut en Europe que les ouragans sont des cyclones. J'ai raconté comment Brandes avait, en 1821, recueilli les observations qui avaient été faites en Europe au sujet d'un ouragan considérable, et comment, après coup, il avait essayé de reconstruire le phénomène. Brandes s'était trompé dans ses conclusions. M, Dove discuta de nouveau ces observations en 1838 ; elles lui apprirent que le 26 décembre 1821 la pression barométrique était à Brest plus faible que partout ailleurs, qu'elle augmentait à mesure qu'on s'en éloignait, et que les vents tournaient autour de ce centre en sens inverse des aiguilles d'une montre. Ce phénomène se déplaça progressivement, le centre de dépression marchant en ligne droite vers la Suède, et les vents continuant à pirouetter autour de lui : c'était donc un cyclone avec ses deux caractères essentiels, un vide au centre et une rotation de l'air dans un sens déterminé.

Pendant que M. Dove arrivait à ces résultats, un constructeur de navires, M. Redfield, était amené en Amérique, par les besoins de son industrie, à s'occuper des choses de la mer, et, en discutant les récits des marins, à reconnaître que les tempêtes sont toujours produites par des mouvements giratoires dans un sens constant, toujours contraire à celui des aiguilles d'une montre dans notre hémisphère, toujours conforme à ce mouvement dans l'hémisphère sud, et qu'il y a toujours au centre une baisse barométrique, considérable. Quelques années plus tard, le major-général Reid publia sur le même sujet un grand ouvrage où les particularités du phénomène étaient approfondies. Voici quels ont été les résultats de ces recherches.

Les cyclones de l'Atlantique prennent naissance sur les deux bords de l'anneau d'aspiration, et dans les deux hémisphères suivent des routes absolument symétriques et parfaitement régulières. Partis de l'équateur, ils marchent par exemple au nord-ouest vers les Antilles, s'inclinent progressivement au nord, puis au nord-est, longent et quelquefois entament la côte orientale de l'Amérique et sont ramenés diagonalement vers l'Europe. Les récits des voyageurs ne nous apprennent rien de certain sur la formation de ces météores. Quelques-uns nous les montrent comme apparaissant de loin, à de grandes hauteurs ; sous l'aspect d'une tache argentée qui descend peu à peu vers l'horizon avec un mouvement graduel, mais visible ; en approchant, elle s'entoure d'un anneau noir qui s'étend dans toutes directions. Ces descriptions ont plutôt l'air d'un tableau de roman que d'un récit sérieux.

A leur naissance, les cyclones ont peu d'étendue. A mesure qu'ils s'éloignent vers le nord, ils s'agrandissent et prennent un diamètre qui varie de 60 à 500 lieues. La vitesse de progression du centre ne dépasse pas 10 ou 15 lieues, celle du vent tournant peut en atteindre 50 ; elle suffit pour produire les effets que nous avons décrits, car elle équivaut à un poids de plus de 60 livres sur chaque pied carré. Quelquefois le centre du, tourbillon est relativement immobile, et le vent ne commence que sur une circonférence de A ou 5 kilomètres de rayon. Quand le cyclone est petit au contraire, ce centre tourbillonnant est le point le plus dangereux pour les navires. Toujours la rotation se fait dans le même sens, toujours la pression baisse de l'extérieur au centre, où elle peut diminuer jusqu'à 660 millimètres.

Une particularité digne d'attention est que la rive droite du courant cyclonique est très agitée, tandis que la rive gauche est à peu près inoffensive. Celle-ci est le bord maniable, celle-là la limite dangereuse. Cela s'explique, car dans la première la vitesse de rotation est diminuée de celle de translation, puisqu'elles sont opposées ; dans le bord dangereux au contraire, les deux vitesses sont de même sens et ajoutent leurs effets. On aura une idée nette des phénomènes cycloniques en lisant les récits suivants que j'ai un peu abrégés. Voici d'abord celui du capitaine Bridet, commandant de la corvette l'*Églée*, dans le canal de Mozambique.

« Le 1er avril 1858, le vent prit par rafales du sud-est au sud-sud-est, accompagné d'une pluie diluvienne. A six heures du matin, le baromètre marquait 758 millimètres ; vers midi, il continuait à baisser, et le vent à augmenter sans changer de direction ; nous vîmes bien que nous étions dans la ligne de progression du centre d'un ouragan des tropiques, et nous prîmes nos précautions en conséquence… Toute la journée, le vent augmenta et le baromètre baissa ; à six heures, il était à 748, à onze heures à 742 millimètres. Tout à coup un calme subit succède aux rafales, au moment où elles semblaient augmenter de violence. Nous passons sans transition des craintes les plus vives à la sécurité la plus complète ; le temps s'embellit, la pluie cesse.

« Autour de nous flottent les débris appartenant aux nombreux bateaux arabes qui sont déjà naufragés. A quelque distance, une masse noire va à la dérive ; c'est une goélette portugaise qui a chaviré. Le calme était si complet qu'on pouvait tenir sur le pont une bougie allumée. Le baromètre se maintenait à 740 millimètres. Nous passions par le centre de l'ouragan.

« A une heure en effet, les premières rafales du vent contraire nord-ouest tombaient à bord comme un coup de foudre… Nous sommes chassés à la côte, le navire monte sur la plage et se couche sur un lit de sable. Nous sommes sauvés… Le baromètre remonte peu à peu, les vents s'apaisent, et l'ouragan s'éloigne au sud. Le spectacle est navrant ; de tous les navires mouillés dans la baie trois seuls ont résisté, le reste a péri, etc. »

Écoutons maintenant le récit de M. le lieutenant de vaisseau Noël, commandant le *Dupleix*. L'ouragan vient du sud-est ; sa rotation est inverse du mouvement des aiguilles d'une montre.

« Le 14 septembre, à quelques lieues de Kinsin, une grosse houle du sud-est et une baisse lente, mais continue, du baromètre annonçaient l'approche du mauvais temps. Le 15, à deux heures du matin, le baromètre est à 751, le vent souffle par rafales violentes du nord-est ; à huit heures, le baromètre est à 745, la houle monstrueuse et le nord-est en coup de vent. Il n'y avait plus à en douter, un cyclone se dirigeait sur nous avec une effrayante rapidité. Le nord-est fixe, augmentant de force au fur et à mesure que le baromètre baissait, m'indiquait clairement que nous étions sur la ligne de translation du centre de ce météore, qui courait au nord-ouest, et de plus que nous étions fatalement destinés à recevoir ce centre. A midi, le baromètre est à 730, à trois heures à 725 ; le nord-est est épouvantable, la mer à faire frémir. De cinq et demie à sept heures, le baromètre est à 714. Nous sommes soumis à la plus effrayante tempête qui se puisse imaginer. Quant au vent, ce sont non plus des rafales, mais des rugissements. Vers six heures et demie, nous sommes le jouet d'un affreux tourbillon qui soulève tout sur le pont et fait tournoyer les objets en les élevant jusqu'aux barres d'artimon. Les mâts et les vergues plient comme des joncs. Heureusement personne n'est emporté ; mais nous n'avions pas de trop de toutes nos forces pour nous empêcher de l'être.

« Encore quelques instants, et le centre allait être sur nous. Vu l'état du temps, rien ne pouvait sauver le navire d'une destruction complète. C'est alors que nous engageons et menaçons de chavirer.

Dans ce moment suprême et plein d'horreur, j'ordonnai de lancer la machine et de mettre la barre au vent… Une demi-heure après, le vent saute progressivement du nord-est au nord-ouest, le centre venait de passer sur notre arrière. Immédiatement le baromètre commence son mouvement de hausse. A neuf heures, il est à 722, à onze heures à 740 ; à deux heures du matin, tout était terminé. »

Presque tous les météorologistes ayant donné une explication des cyclones, qe ne sera pas une grande témérité que de proposer la mienne. Je suppose que nous soyons en un point de d'hémisphère nord, et qu'une grande chute de pluie s'y produise tout à coup. Comme en se condensant la vapeur fait une place vide, la pression diminue subitement, et les dérivations descendantes arrivent en abondance au sud-ouest de l'endroit où il pleut ; elles y produisent leur effet accoutumé de faire tourner aussitôt le vent vers l'ouest en sens inverse des aiguilles d'une montre. A partir de ce moment, les courants équatoriaux et polaires sont agrafés et valsent ensemble en se. mêlant ; la force centrifuge ajoute son effet, et la diminution de pression augmente au centre. Cependant ce tourbillon ne durerait pas, si une force continue ne venait l'entretenir ; cette force est celle qui l'a commencé. En se mêlant, les deux vents produisent de la pluie ; celle-ci continue le vide, les dérivations continuent d'y affluer et de perpétuer la rotation des vents. Comme c'est à la Partie sud qu'arrivent les dérivations, c'est là que la pluie, les périls et le vent sont le plus considérables, c'est le bord dangereux, tandis que le côté nord est relativement inoffensif. Pendant l'action, deux quantités d'air se sont mêlées ; elles venaient, l'une du courant supérieur, l'autre du courant polaire avec leurs vitesses propres ; après leur réunion, elles n'ont plus qu'un mouvement commun qui fait marcher lentement le phénomène, et celui-ci promène toujours dans le même sens et presque dans la même route sa désastreuse régularité.

Section VII

C'est en 1831 que M. Redfield publiait ses idées sur les cyclones, et c'est en 1838 que M. Dove les confirmait en Allemagne. Depuis cette époque, la question parut faire un pas en arrière. De 1835 à 1841, M. Quetelet, réunissant des observations insuffisantes, crut pouvoir affirmer que de grandes ondes atmosphériques, les unes hautes, les autres basses, se succédaient et se poursuivaient sans cesse de l'Atlantique à l'Oural. Ces interprétations étaient généralement adoptées, lorsque se produisit en 1854 un fait qui eut beaucoup de retentissement. Une tempête formidable avait ravagé la Mer-Noire pendant la guerre de Crimée, et, sous l'inspiration du maréchal Vaillant, M. Le Verrier, comme autrefois Brandes, avait demandé à tous les météorologistes la communication des observations qu'ils avaient faites à cette époque. J'ai rapporté tout au long cet événement dans la *Revue* et montré comment M. Le Verrier, sans se préoccuper des travaux de MM. Redfield et Dove, avait expliqué la tempête de Balaclava par une série d'ondes successives. C'était une erreur : cette tempête était un cyclone bien caractérisé.

Cette erreur n'a aucune importance ; mais l'enquête eut un grand effet moral. Elle apprenait aux savants et aux marins qu'une tempête met dix jours pour traverser l'Europe, que rien ne serait plus facile que d'avertir les marins et les cultivateurs de son arrivée, et déparer aux désastres qu'elle apporte en les annonçant. Sous la pression de l'opinion publique, la Société royale de Londres proposa un plan d'organisation météorologique, et le parlement s'empressa de voter un subside annuel de 80,000 francs pour créer auprès du *board of trade* un bureau spécial. Un homme de savoir, marin expérimenté et météorologiste habile, l'amiral Fitz-Roy, fut chargé d'organiser ce nouveau service. Dès 1861, il avait imaginé et mis en pratique un système d'avertissements qui annonçaient à tous les ports la probabilité des temps favorables ou dangereux. Je n'ai pas à exposer ni à juger les bases de ces prévisions ; ce que je veux faire ressortir, c'est que cette institution a été la première en date, et qu'elle n'eut qu'un but d'utilité pratique. Nous entrâmes dans cette voie en France un peu plus tard, vers la fin de 1863. L'Observatoire fut mis en relation, par la télégraphie électrique, avec cinquante-neuf stations disséminées sur le monde entier, qui lui envoient tous les jours le résumé d'observations faites à 8 heures du matin. A midi, ces observations sont reçues et classées, Jusque-là tout est commun dans les deux services français et anglais ; mais à l'Observatoire on fit davantage et on fit mieux. M. Le Terrier eut une idée sur laquelle je ne puis trop, insister, parce qu'elle devait avoir une influence de premier ordre sur la météorologie : c'était d'enregistrer sur une carte muette, par des signes conventionnels, les observations prises à 8 heures du matin, de façon que cette carte résume dans un tableau synoptique l'état de l'Europe entière à l'heure indiquée — absolument, comme on verrait ce continent, si on pouvait le regarder du haut des espaces célestes. Ces cartes sont publiées chaque jour ; c'est un journal accessible à tous, qui a peu d'abonnés tout en méritant d'en avoir beaucoup. Cet important service fut confié à un homme habile, M. Marié Davy, qui s'en acquitta avec talent et ne tarda pas à faire dans cette matière, jusque-là si embrouillée, une découverte capitale.

Pour étendre les ressources de ce service, on demanda le concours de la marine, qui le fournit avec empressement ; mais, comme elle ne pouvait envoyer par le télégraphe ses observations faites à la mer, on fut obligé de publier après coup des cartes quotidiennes plus générales : elles résument les divers, événements météorologiques qui ont agité le monde pendant les diverses journées des années passées. C'est M. Sonrel qui a été chargé de ce travail, et bientôt l'année 1865 sera dépouillée en entier.

Cela ne suffisait pas encore. Les orages sont des phénomènes locaux qui devaient être localement étudiés. Une heureuse entente entre le directeur de l'Observatoire et le ministre de l'instruction publique fit intervenir tous les établissements d'instruction, même les écoles normales. On créa des comités départementaux, on étendit sur le monde un large réseau, sur la France un filet à mailles serrées, qui devaient fournir les éléments pour reconstruire, soit les grands mouvements qui embrassent la terre entière, soit les petits météores qui n'intéressent que notre pays. On sait ce que la science y a gagné.

Au premier regard qu'on jette sur ces documents réunis, sur cette carte qui les reproduit, on ne peut qu'être frappé de l'innombrable variété des faits qui se produisent au même moment sur les divers points de la terre, et de même qu'on ne voit sur un fleuve que rides, remous, courants, repos, mouvements de toute sorte, — de même on ne voit dans l'atmosphère que des évolutions locales. Pour en trouver l'ensemble à un jour donné, M. Marié chercha d'abord les points où la pression est égale à 760 millimètres. Ils se suivent, de l'un à l'autre, le long d'une ligne courbe et irrégulière que l'on marque sur la carte, et qui réunit les lieux où l'atmosphère a la même hauteur. D'un côté de cette ligne s'en trouvent d'autres qui relient les points où cette hauteur s'élève, et où la pression varie de 765 à 770… millimètres. De l'autre côté se tracent les lignes où elle diminue, pour devenir 755, 750… millimètres. En les dessinant, on a partagé l'atmosphère en bandes de même niveau, ce qui permet de distinguer les hauts plateaux, les grandes pentes et les vallées profondes.

M. Marié vit tout d'abord qu'en général il y a une contrée où existe un creux, un entonnoir, un lieu de pression minimum, comme on en voit au centre des cyclones. Il examina la direction des vents qui soufflaient autour de cette dépression : elle était variable, mais tournait dans des circonférences concentriques, en sens opposé à celui des aiguilles d'une montre. Ces vents n'étaient point égaux dans tous les points, ils étaient faibles au nord de la dépression, considérables au sud ; les premiers étaient secs, les derniers amenaient de la pluie ; les choses se passaient comme au bord maniable et au bord dangereux des cyclones. Le lendemain, tout était changé en chaque lieu, mais le phénomène général était resté le même et n'avait fait que se transporter vers l'ouest, avec une vitesse de dix à quinze lieues à l'heure. Le mouvement continuait les jours suivants et finissait par se perdre dans l'extrême Orient.

Les mêmes phénomènes se reproduisent invariablement depuis 1863. A peine une bourrasque est passée qu'une autre lui succède ; il n'y a de différence entre elles que l'intensité, et aussi la route que suivent les centres. Les uns atteignent le nord de la Suède, le plus grand nombre suit la Baltique, quelques-uns traversent la France, et d'autres s'échappent sur la Méditerranée à travers le grand couloir qui est compris entre les Pyrénées et les Alpes, et qui débouche sur le golfe du Lion.

D'où viennent-ils ? Il y en a qui ont pris naissance à l'équateur, qui ont parcouru la route ordinaire des cyclones à travers l'Atlantique, et dont on a suivi la trace jusqu'en Asie ; d'autres ont été signalés vers les Açores et montent moins haut dans le nord ; quelques-uns peut-être ont pris naissance au *gulf-stream*. Quand ils passent au sud de Paris, nous sommes sur la rive inoffensive et nous avons du beau temps ; s'ils traversent la Belgique ou la Baltique, nous subissons les effets du bord dangereux : la pluie, les orages et les vents. Telle est la découverte de M. Marié Davy, telle a été la conséquence du système d'observations simultanées et de cartes synoptiques.

Il y en a encore une autre d'une plus grande importance, c'est la possibilité de prévenir les marins dans les ports. Quand on voit arriver un centre de dépression sur l'ouest de l'Angleterre et que les vents tournent autour de ce point dans le sens ordinaire, on peut être assuré qu'un cyclone arrive. Si la baisse barométrique est faible et les vents modérés, c'est une bourrasque inoffensive ; mais quand la baisse et les vents dépassent la limite ordinaire, il faut se hâter, c'est une tempête. La forme des courbes barométriques montre aisément sa direction probable, et on peut à coup sûr annoncer, soit à la Baltique, soit aux côtes de l'Océan, soit1 aux ports de la Méditerranée, ce qu'il faut craindre des dangers imminents. On sait quels services ont déjà rendus ces prévisions du temps, les seules possibles, les seules auxquelles on doive croire.

Section VIII

Quels sont maintenant les résultats qu'a recueillis le petit réseau, celui des observateurs cantonaux chargés de surveiller les orages ? Commencée en 1865, l'association fonctionna immédiatement sous la surveillance des préfets. Les observations cantonales furent résumées par des commissions départementales, le travail des départements fut concentré à l'observatoire par M. Fron, la marche de tous les orages de l'année a été dessinée dans un atlas qui vient d'être publié par le ministère de l'instruction publique. On voit que la centralisation a du bon.

On peut dire que cet atlas nous en a plus appris pendant une année sur la marche des orages que tous les siècles antérieurs. Jusque-là on n'avait expliqué que les grands phénomènes électriques de ces météores, on s'en était occupé à la manière des physiciens, non au point de vue de la météorologie. On ne savait rien des routes qu'ils suivent, parce que l'observation seule pouvait les faire connaître, et que les observateurs avaient jusqu'alors manqué. L'atlas représente tous les orages de l'année depuis le 7 mai, où le premier apparut, jusqu'au 28 novembre, où le dernier se montra. On a figuré chacun d'eux en traçant sur la carte la ligne des points qu'il occupait aux diverses heures de la journée. Ces lignes montrent aussitôt quelle a été dans chaque contrée l'étendue de l'orage et la vitesse avec laquelle il s'est transporté ; on a indiqué en outre, par des signes convenus, toutes les circonstances qui ont signalé sa marche, la direction des vents, la grêle, la pluie, etc. En général les orages nous arrivent tout formés de l'océan, et ils continuent leur route à travers nos contrées dans la direction du nord-est. Au 14 mai par exemple, on voit l'un de ces phénomènes aborder la Normandie ; il s'étend à quatre heures du soir sur une ligne verticale depuis Saint-Lô jusqu'à Nantes, et il s'avance régulièrement et parallèlement à sa direction première ; à neuf heures, il est sur le méridien de Paris, d'Amiens à Bourges. A minuit, il passe sur la Marne et les Ardennes. Le 15, à trois heures du matin, il vient mourir sur les Vosges : il a parcouru toute la France de l'ouest à l'est en douze heures, faisant environ 13 lieues à l'heure. Il y en a qui ont une très petite largeur de 4 à 5 lieues ; beaucoup naissent sur le plateau central, aux puys d'Auvergne, et remontent au nord-est. Au 9 mai, on vit un orage entrer en France par Bordeaux à huit heures et demie du matin, rencontrer à midi les montagnes de la Corrèze et de la Haute-Vienne et se partager en deux branches, l'une qui monte vers le nord jusqu'à la Belgique, où elle arrive à une heure du matin, l'autre qui suit les vallées de la Garonne, du Tarn et de l'Aveyron, se dirigeant vers la Méditerranée. Il faut voir dans l'atlas les particularités de chacun de ces météores ; ce qu'on peut dire de général, c'est que ce sont des phénomènes restreints, plus restreints que les cyclones, se propageant comme eux et à peu près avec la même vitesse, mais sans aucune diminution de pression, sans rotation des vents, et caractérisés par un abondant développement d'électricité.

L'opinion de MM. Marié Davy et Fron est que les orages accompagnent toujours l'arrivée sur nos côtes d'un mouvement tournant étendu et peu rapide. C'est une opinion qui a besoin d'être confirmée. Ce qui est certain, c'est que les orages se forment pendant les journées chaudes et calmes de l'été, et que leur imminence paraît proportionnée à l'intensité de cette chaleur. Quand ces conditions se rencontrent, l'atmosphère me paraît être en équilibre instable. Comme le baromètre est élevé, il n'y a point de dérivations descendantes ; l'air inférieur tend à monter parce qu'il est très chaud, le supérieur à descendre, puisqu'il est froid, tous deux à prendre la situation opposée à celle qu'ils occupent. Si en un lieu donné l'air inférieur s'échauffe d'une quantité exagérée, il crève la couche supérieure, qui redescend par la trouée et qui amène avec elle la pluie et l'électricité dont elle est chargée. Une fois commencé, l'orage continue, car la pluie fait un vide, les courants descendants se succèdent, recommencent la pluie, ramènent la foudre, et le phénomène se transporte vers le nord-est avec la vitesse que les dérivations descendantes impriment dans cette direction aux deux quantités d'air inférieur et supérieur qui se sont mêlées. Tels sont en résumé les grands mouvements et les grands accidents de l'air. Si un observateur élevé dans un ballon au-delà des limites de l'atmosphère pouvait les suivre à chaque instant dans leur ensemble, s'il pouvait assister à la formation et à la condensation des vapeurs, il verrait les alizés rafraîchir les mers torrides et y faire provision de chaleur et de vapeur. Autour de la terre, et formant une ceinture analogue à l'anneau de Saturne, il verrait la zone des calmes équatoriaux arroser les contrées de la zone torride et donner naissance à deux courants opposés qui, dans les hauteurs extrêmes de l'air, s'élancent vers les deux pôles pendant que de ces pôles partent des courants contraires et rampants ; il verrait le mouvement terrestre troubler l'équilibre de l'air, les dérivations descendantes le rétablir et transporter vers les contrées tempérées la chaleur et l'eau qu'elles ont prises à la zone alizéenne. Enfin des cyclones ou des bourrasques monteraient de l'équateur aux pôles, décrivant des courbes parfaitement régulières, et se succéderaient sans relâche. A la vérité, s'il y apporte une scrupuleuse attention, il remarquera que ces cyclones passent tantôt en Suède, tantôt au midi de la France, le plus souvent sur le milieu des îles britanniques, que la distribution de l'eau n'est pas toujours absolument égale en un même lieu ; il ne verra dans ces irrégularités qu'un moyen d'établir une exacte balance entre les diverses contrées par un mécanisme assez parfait pour corriger ses excès et réparer ses accidents. Mais les habitants de la terre ne sont pas placés au même point de vue que cet observateur indifférent. L'homme est une créature chétive et frileuse, qui a faim et soif, qui attend sa misère ou son bien-être des variations atmosphériques. Pleut-il, il a froid ; fait-il beau, il se plaint de la chaleur. Si l'été est humide, ses fruits avortent et sa vendange est nulle. Le moindre accident qui ne compte pas dans la nature, un orage, un cyclone, peut devenir un malheur public. Indifférentes à nos besoins, les lois immuables du monde continuent leur œuvre éternelle et régulière.

Le Dieu poursuivant sa carrière

Versait des torrents de lumière

Sur ses obscurs blasphémateurs.

ISBN : 978-1722100834

www.ingramcontent.com/pod-product-compliance
Lightning Source LLC
Chambersburg PA
CBHW070929220526
45468CB00005B/1706